ISBN 978-0-666-74354-1
PIBN 10649616

Technical and Bibliographic Notes/Notes techniques et bibliographique

The Institute has attempted to obtain the best original copy available for filming. Features of this copy which may be bibliographically unique, which may alter any of the images in the reproduction, or which may significantly change the usual method of filming, are checked below.

- [x] Coloured covers/ Couverture de couleur
- [ ] Covers damaged/ Couverture endommagée
- [ ] Covers restored and/or laminated/ Couverture restaurée et/ou pelliculée
- [ ] Cover title missing/ Le titre de couverture manque
- [ ] Coloured maps/ Cartes géographiques en couleur
- [ ] Coloured ink (i.e. other than blue or black)/ Encre de couleur (i.e. autre que bleue ou noire)
- [ ] Coloured plates and/or illustrations/ Planches et/ou illustrations en couleur
- [ ] Bound with other material/ Relié avec d'autres documents
- [ ] Tight binding may cause shadows or distortion along interior margin/ La reliure serrée peut causer de l'ombre ou de la distortion le long de la marge intérieure
- [ ] Blank leaves added during restoration may appear within the text. Whenever possible, these have been omitted from filming/ Il se peut que certaines pages blanches ajoutées lors d'une restauration apparaissent dans le texte, mais, lorsque cela était possible, ces pages n'ont pas été filmées.
- [ ] Additional comments:/ Commentaires supplémentaires:

L'Institut a microfilmé le mei qu'il lui a été possible de se p de cet exemplaire qui sont p point de vue bibliographique, une image reproduite, ou qui modification dans la méthod sont indiqués ci-dessous.

- [ ] Coloured pages/ Pages de couleur
- [ ] Pages damaged/ Pages endommagées
- [ ] Pages restored and/or l Pages restaurées et/ou
- [x] Pages discoloured, stai Pages décolorées, tach
- [ ] Pages detached/ Pages détachées
- [x] Showthrough/ Transparence
- [ ] Quality of print varies/ Qualité inégale de l'imp
- [ ] Includes supplementary Comprend du matériel s
- [ ] Only edition available/ Seule édition disponible
- [ ] Pages wholly or partiall slips, tissues, etc., have ensure the best possible Les pages totalement o obscurcies par un feuill etc., ont été filmées à n obtenir la meilleure ima

This item is filmed at the reduction ratio checked below/

LES

OISEAUX DU CANADA

CLEF SYSTEMATIQUE

POUR L'IDENTIFICATION DES ORDRES, SOUS-ORDRES, TRIBUS, FAMILLES, GENRES ET ESPÈCES

PAR

L'ABBÉ L. PROVANCHER.

QUÉBEC:
ATELIER TYPOGRAPHIQUE DE C. DARVEAU,
No. 8, Rue la Montagne, Basse-Ville.
1874.

PRIX 25 CENTINS.

1874 ·
(40)

Page :
6(3) Tr

ERRATUM.

Page 2, au No. 6, il faut lire comme suit :

6(3) Trois doigts en avant et un en arrière (RAVISSEURS).

EXEMPLE DE L'EMPLOI DE LA CLEF.

Vous avez, je suppose, un Geai entre les mains, et vous voulez connaitre son nom scientifique ; vous lisez au numéro 1, page 2 : " Doigt postérieur sur le même plan que les autres ? "—Oui ; vous passez au numéro suivant " Bec couvert à la base d'une cire dans laquelle sont percées les narines ? " —Non ; votre oiseau n'a pas de telle cire ; alors vous passez au numéro 62 indiqué dans la parenthèse : " Point de cire à la base du bec. " Vous passez au numéro suivant : " Doigts, 2 en avant et 2 en arrière ? "—Non ; vous passez au numéro 82 : " Doigts, 3 en avant et un en arrière, ou les 4 en avant, l'extérieur versatile se portant de côté ? "—Oui ; votre oiseau appartient donc à l'ordre des PASSEREAUX. Vous poursuivez : " Quatre doigts en avant ou l'extérieur versatile ? "—Non ; vous allez au numéro 90 : " Trois doigts en avant, un en arrière ; primaires toujours 10, la 1re presque aussi longue que la 2e ? "—Non ; vous allez au numéro 101 : " Trois doigts en avant et un en arrière ; primaires 9, ou si 10 la 1ère avortée ? "—Oui ; votre oiseau a 10 primaires, mais la 1ère est très courte ; il appartient par conséquent au sous-Ordre des (CHANTEURS). Vous poursuivez : " Bec assez long, noir, très déprimé ; ailes moyennes ; 1ère primaire jamais la plus longue ; ongles non très crochus ? "—Tous ces caractères conviennent à votre oiseau. Vous poursuivez : " Bec fin, droit, arrondi, tranchant ou en alène ? "—Non ; votre oiseau a le bec fort et robuste. Vous passez donc au numéro 179 : " Bec fort, gros, court, le plus souvent sans échancrure, à arête aplatie s'avançant sur le front ? "—Non ; votre oiseau a le bec assez long, sa mandibule supérieure est échancrée vers l'extrémité, et son arête ne s'avance pas sur le front. Vous passez donc au numéro 247 : " Bec fort, robuste, tranchant sur les bords ; mandibule supérieure échancrée vers la pointe ; ailes médiocres ? "—Ce sont bien là les caractères de votre oiseau, qui appartient par conséquent à la tribu des ***OMNIVORES*** parmi les PASSEREAUX—CHANTEURS, laquelle division se compose de la seule famille des Corvides. Il faut maintenant en déterminer le genre et l'espèce ; vous poursuivez :

" Ailes pointues, plus longues que la queue ? "—Non ; vous passez au numéro 251 : " Ailes arrondies, plus courtes que la queue ? "—Oui ; votre oiseau se range donc dans la sous-famille des (Garrulines). Poursuivez : " Queue 2 fois plus longue que les ailes ? "—Non ; passez au numéro 253 : " Queue à peu près égale aux ailes. " Vous poursuivez : Tête huppée, couleur bleue ; longueur 12 pouces ? "—Précisément ; votre oiseau appartient donc au genre ***Cyanura***. Le nombre **132** en chiffres noirs à la fin de la ligne, indique que vous trouverez son nom spécifique au numéro **132** dans la liste des genres et espèces page 19. Vous passez à ce numéro page 22 et vous lisez : " Cyanura cristata, ***Swains.*** Geai huppé, IV. 250. " Ce qui veut dire que le nom scientifique de votre oiseau est Cyanura cristata, que lui a donné l'ornithologiste Swainson ; qu'on l'appelle en français le Geai huppé, et que vous en trouverez la description à la page 250 du vol. IV du ***Naturaliste Canadien.***

FAUNE CANADIENNE.

LES OISEAUX.

Clef Systématique pour l'identification des Ordres, sous-Ordres, Tribus, Familles, Genres et Espèces des Oiseaux du Canada.

Les noms des Ordres sont en GRANDES CAPITALES, ceux des sous-Ordres en (GRANDES CAPITALES) entre parenthèse, ceux des Tribus en *CAPITALES ITALIQUES*, ceux des Familles en PETITES CAPITALES, des sous-Familles en (PETITES CAPITALES) entre parenthèse, enfin ceux des Genres en *Italiques*.

Comme les noms des Genres ont été plusieurs fois changés et subdivisés, nous leur avons conservé leur dénomination latine ; les noms des autres sous divisions sont, en français.

OISEAU.

Animal vertébré, recouvert de plumes, ovipare, à circulation double et à sang chaud.

1(264) Doigt postérieur sur le même plan que les autres;
2(62) Bec couvert à la base d'une cire dans laquelle sont percées les narines; ongles crochus et très forts

RAPACES, *Rapaces*.

3(6) Deux doigts en avant réunis, 2 en arrière libres: (PRÉHENSEURS);
4(5) Une huppe mobile sur la tête. 15 à 27 pouces..... **1.**
5(4) Tête sans huppe.....................10-20.... **2.**
6(3) Trois doigts en avant et en arrière libre (RAVISSEURS);
7(41) Yeux latéraux; doigts externe et médian un peu réunis;
8(9) Tête et cou en plus ou moins grande partie nus: VULTURIDES; *Cathartes*...........................30.... **3.**
9(8) Tête et cou emplumés: FALCONIDES;
10(36) Bec courbé dès la base;
11(18) Mandibule supérieure avec un 1 ou 2 dents: *Falco;*
12(15) Tarses emplumés au haut, nullepart réticulés;
13(14) Blanc ou d'un cendré pâle.................24.... **6**
14(13) D'un cendré noirâtre; joues noires............22.... **4.**
15(12) Tarses à peine emplumés supérieurement; écailles grandes en avant;
16(17) Environ 7 taches noires sur la tête et le cou....11.... **7.**
17(16) Noir moins distinct......................13.... **5.**
18(11) Mandibule supérieure lobée mais non dentée.
19(24) Ailes courtes, atteignant à peine les ⅔ de la queue;
20(21) Tarses emplumés jusqu'à la moitié en avant; plus gros: *Astur*.............................24.... **8.**
21(20) Tarses à peine emplumés jusqu'au tiers; plus petit: *Accipiter;*
22(23) Partie nue du tarse distinctement plus longue que le doigt du milieu......................10-14.... **10.**
23(22) Partie nue du tarse distinctement plus courte que le doigt du milieu......................16-20.... **9.**
24(19) Ailes longues;
25(35) Face sans collerette;
26(34) Tarses écailleux devant et derrière: *Buteo;*
27(28) Queue rousse avec une seule bande brune assez large subterminale....................20-23.... **13**

28(27) Queue avec barres brunes plus ou moins nombreuses;

29(32) Queue avec 8 à 12 barres brunes;

30(31) Poitrine et cou en avant, brun..............21.... **11.**

31(30) Poitrine et cou gris.......................17.... **12.**

32(33) Queue avec 5 barres brunes.............21-23.... **14.**

33(32) Queue avec 3 barres brunes............17-18.... **15.**

34(26) Tarses emplumés au moins en avant: *Archibuteo*, ..34 **16.**

35(25) Face entourée d'un demi collier plumeux en forme de collerette: *Circus*..................21.... **17.**

36(10) Bec droit à la base;

37(38) Tarses emplumés jusqu'aux doigts: *Aquila*....33-40. **18.**

38(37) Tarses nus, du moins inférieurement;

39(40) 4e et 5e rémiges les plus longues: *Haliæetus*..40.... **19.**

40(39) 3e rémige la plus longue: *Pandion*.........24.... **20.**

41(7) Yeux dirigés en avant, gros. La plupart nocturnes: STRIGIDES;

42(47) Des aigrettes auriculaires plus ou moins longues;

43(46) Forme générale raccourcie et compacte;

44(45) Taille grande, robuste: *Bubo*..............24.... **21.**

45(44) Taille petite, compacte: *Scops*...........8-10.... **22.**

46(43) Forme générale allongée et assez grêle: *Otus*..1-10.. **23.**

47(42) Aigrettes auriculaires o, ou peu apparentes;

48(59) Face entourée d'un disque de plumes raides plus ou moins complet;

GRIMPEURS, *Scansores.*

64(67) Queue molle ; bec recourbé : COCULIDES ; *Coccigus :*
65(66) Bec presque tout jaune ; ailes en fort grande partie rouge-canelle..........................11-12.... **32.**
66(65) Bec presque tout noir ; ailes presque sans trace de rouge-canelle..........................11-12.... **33.**
67(64) Pennes caudales raides et aiguës ; bec droit : PICIDES ;
68(79) Quatre doigts ;
69(76) Point de jaune dans le plumage ;
70(75) Huppe o, ou très petite ;
71(74) Noir avec taches blanches rondes : *Picus ;*
72(73) Pennes caudales extérieures presque toutes blanches,..........................9-10.... **34.**
73(72) Pennes caudales extérieures barrées. 6-7........ **35.**
74(71) Noir et blanc mais sans taches rondes ; tête et cou, rouge : *Melanerpes*..........................9.... **40.**
75(70) Huppe grande, rouge dans le mâle, noire dans la femelle : *Hylatomus*..........................18.... **37.**
76(69) Avec du jaune dans le plumage ;
77(78) Poitrine avec une grande tache rouge : *Sphyrapicus*..........................8½.... **36.**
78(77) Poitrine avec un croissant noir : *Colaptes*....12.... **41.**
79(68) Trois doigts seulement : *Picoides ;*
80(81) Dos entièrement noir..........................8-9.... **38.**
81(80) Dos noir avec bande blanche au croupion.8-9........ **39.**
82(63) Doigts 3 en avant et un en arrière, ou les 4 en avant, l'extérieur versatile se portant de côté :

PASSEREAUX, *Insessores.*

83(90) Quatre doigts en avant ou l'extérieur versatile se portant de côté : (BOURDONNEURS) ;
84(85) Bec très long, effilé ; taille très petite : TROCHILIDES ; *Trochilus*..........................3-3½.... **42.**
85(84) Bec plus ou moins court, large à la base ;
86(87) Doigts antérieurs entièrement libres : CYPSÉLIDES ; *Chaetura*..........................5.... **43.**
87(86) Doigts antérieurs réunis à la base par une membrane : CAPRIMULGIDES ;
88(89) Bec avec de longues soies à la base : *Antrostomus.* 12 **44.**
89(88) Bec sans soies à la base : *Chordeiles*.........9.... **45.**

90(101) Trois doigts en avant, un en arrière, aucun versatile; primaires toujours 10, la 1ère presque aussi longue que la 2e: (CRIEURS);

91(92) Bec fort, long, droit; 3e primaire la plus longue: ALCÉDIDES, *Ceryle*..............................12.... **46.**

92(91) Bec déprimé, triangulaire, courbé à la pointe; 1ère primaire la plus longue: COLOPTÉRIDES;

93(94) Occiput lisse, avec une tache rouge en partie cachée: *Tyrannus*..............................8.... **47.**

94(93) Occiput avec des plumes en crête plus ou moins apparente;

95(98) Tarses pas plus longs que le doigt du milieu;

96(97) Queue carrée ou arrondie, aussi longue que les ailes: *Myiarchus*. ....9.... **48.**

97(96) Queue un peu échancrée, bien plus longue que les ailes: *Contopus*.........................6-6½.... **50.**

98(95) Tarses plus longs que le doigt du milieu;

99(100) 1re primaire plus longue que la 4e, mais plus courte que la 6e, *Sayornis*. ....7.... **49.**

100(99) 1re primaire plus courte que la 4e: *Empidonax*. 6. **51.**

101(90) Trois doigts en avant et un en arrière; primaires 9, ou si 10 la première avortée: (CHANTEURS);

102(256) Bec assez long, noir, très déprimé; ailes moyennes; 1re primaire jamais la plus longue; ongles non très crochus;

103(179) Bec fin, droit, arrondi, tranchant ou en alène, le plus souvent garni de poils rudes à la base: *INSECTIVORES*;

104(126) Bec fort ou médiocre, de longueur moyenne, arqué et échancré à l'extrémité de la mandibule supérieure;

105(118) Bec simplement arqué à l'extrémité; tarses sans écailles distinctes; TURDIDES;

106(115) 2e primaire plus longue que la 6e; soies le long de la base du bec jusqu'aux narines;

107(114) Tarses plus longs que le doigt médian; ailes ne dépassant pas le milieu de la queue: *Turdus*;

108(109) Sans taches ni bandes en dessous, raies à la gorge. 9-10. **52.**

109(108) Tacheté en dessous;

110(113) Couleur non uniforme en dessus;

111(112) Brun en dessus, olive sur le croupion......7-8.... **53.**

112(111) Olive en dessus, rougeâtre sur le croupion. 8..... **54.**

113(110) D'un olive uniforme en dessus.............7½.... **55.**

114(107) Tarses plus courts ou égaux au doigt médian: ailes dépas-

½.. 57.

(116) Couronne bordée de noir; soies sur les narines. 4½. **58.**

(123) Bec droit à la base, crochu à l'extrémité avec une dent en arrière de l'échancrure: LANIIDES;

(120) Bec très fort; côtés des tarses scutellés en arrière: *Collyrio*..............................9½.... **84.**

(119) Bec moyen; côtés des tarses non scutellés en arrière: *Vireo*;

(122) Ailes sans bandes blanches.................5.... **85.**

(121) Ailes avec 2 bandes blanches...............6.... **86.**

(118) Bec grêle, sans dent en arrière de l'échancrure: CERTHIADIDES;

(125) Bec très courbé; queue en pointe: *Certhia*..5½.. **92**

(124) Bec droit; queue courte, carrée: *Sitta*.....4½.... **93.**

(104) Bec droit et court ou de longueur moyenne et un peu grêle;

(166) Primaires 9, la 1ère dépassant le milieu de la 2e: SYLVICOLIDES;

(129) Bec grêle, déprimé ou conique; ongles modérément crochus; tertiaires plus longues que les secondaires: (MOTACILLINES); pennes caudales larges: *Anthus*.6¼. **59.**

165) Bec grêle, déprimé ou conique; ongles très recourbés; tertiaires pas plus longues que les secondaires: (SYLVICOLINES);

135) Bec sans échancrure aux mandibules;

132) Bec conique, courbé dès la base: *Parula*...4¾ ... **60.**

131) Bec très long, très aigu, conique, presque droit: *Helminthophaga*;

134) Bleuâtre; couronne jaune; gorge noire. ....5.... **61.**

133) Jaune verdâtre; couronne marron..... .....4¾.... **65.**

130) Bec avec une échancrure plus ou moins forte aux mandibules;

160) Soies à la base du bec peu nombreuses et courtes;

142) Doigt postérieur plus long que les latéraux;

141) Ailes arrondies; 1ère rémige plus courte que la 4e: *Geothlypis*,

42(137) Doigt postérieur égal aux latéraux ;
43(146) Pattes fortes ; dessus olive ; pennes caudales immaculées : *Seiurus ;*
44(145) Couronne orange brunâtre bordé de noir. 5½...... **66.**
45(144) Couronne comme le dos ; une ligne claire au dessus des yeux. 6 .... **67.**
46(143) Pattes grêles ; couleurs brillantes, variées ; pennes caudales jaunes ou avec tache blanches sur le bord interne : *Dendroica ;*
47(148) Pennes caudales bordées de jaune.......5¼....... **75.**
48(147) Pennes caudales tachetés de blanc ;
49(150) Dessus d'un bleu uniforme ; 1 tache blanche à la base des primaires...................5½............. **68.**
50(149) Point de tache blanche à la base des primaires avec le dessus bleu ;
51(152) Ailes avec barres jaunes ; dessous du corps blanc ; couronne jaune...........................5½.... **73.**
52(151) Ailes avec barres ou taches blanches ;
53(154) Couronne, noir foncé ; point de jaune......5¾.... **74.**
54(155) Couronne noirâtre ; croupion jaune.... .....5¼...... **77.**
55(156) Couronne comme la gorge ; dessous roussâtre 5¾.. **71.**
56(157) Couronne cendrée, ventre et croupion, jaune ...5.. **76.**
7(158) Couronne avec tache jaune ; gorge orange ; point de jaune au croupion ;.....................5¼..... **70.**
8(159) Couronne avec tache jaune ; gorge, croupion etc. jaune 5¾ **69.**
9(153) Couronne comme le dos ; gorge jaune ; dos olive 6.. **72.**
0(136) Soies à la base du bec très longues et nombreuses ;
1(164) Doigt postérieur bien plus long que les latéraux : *Myiodioctes ;*
2(163) Queue avec taches blanches sur les pennes extérieures 5½ **78.**

170(167) Bec grêle, légèrement courbé, échancré mais sans dent: TROGLODYTIDES ;
171(174) Rictus sans soies ;
172(173) Bec assez court, distinctement échancré : *Galeoscoptes*, **88**.
173(172) Bec assez long, très recourbé, sans échancrure : *Harporynchus*..................11................ **87**.
174(170) Rictus garni de soies ;
175(176) Dos noir rayé de blanc : *Cistothorus*,......5½.... **89**.
176(175) Dos brun, obscurément ondulé de cendré : *Troglodytes ;*
177(178) Queue assez longue ; raie claire au-dessus de l'œil 4¾. **90**.
178(177) Queue courte ; point de raie au dessus de l'œil 4.. **91**.
179(247) Bec fort, gros, court, le plus souvent sans échancrure, à arête aplatie s'avançant sur le front ; tarses annelés et nus ; ailes médiocres : *GRANIVORES ;*
180(187) Primaires 10 ; l'extérieure moins de la moité de la suivante ;
181(182) Phalange basilaire du doigt médian presque entièrement libre : ALAUDIDES ; poitrine avec 1 tache noire : *Eremophila*...............7¾............. **96**.
182(181) Phalange basilaire du doigt médian unie au doigt latéral dans presque toute sa longueur : PARIDES ;
183(186) Bec plus court que la tête ; tarse plus long que le doigt médian : *Parus ;*
184(185) Menton et gorge, noir...........5............ **94**.
185(184) Menton et gorge, brunâtre........5 .... **95**.
186(183) Bec plus long que la tête ; tarse plus court que le doigt médian : *Sitta*............4½............ **93**.
187(180) Primaires 9, l'extérieure dépassant la moitié de la suivante ;
188(232) Bec conique, échancré à l'extrémité, avec soies à la base : FRINGILLIDES ;
189(208) Mandibule supérieure aussi large que l'inférieure ; ailes très longues et pointues ; 1ère primaire égale à la 2e ou plus longue ; doigts ordinaires : (COCCOTHRAUSTINES) ;
190(193) Mandibules longues, croisées : *Curvirostra ;*
191(192) Ailes avec bandes blanches....................6.... **102**.
192(191) Ailes noirâtres, sans barres blanches...........6.... **101**.
193(190) Mandibules non croisées ;
194(205) Mandibule supérieure avec soies à la base cachant les narines ;
195(199) Plus ou moins rouge ;
196(202) Tarses plus courts que le doigt médian ;
197(198) Queue presque carré : *Pinicola*...........8-9.... **97**.

198(197) Queue fourchue : *Carpodacus*,..............6.... **98.**

199(195) Noir et jaune, point de rouge : *Chrysomitris* ;

200(201) Fortement strié partout ; bec pointu........$4\frac{3}{4}$ ... **100.**

201(200) Sans stries ; mâle à couronne noire.........$4\frac{3}{4}$.... **99.**

202(196) Tarse égal au doigt médian ; doit intérieur le plus long : *Aegiothus ;*

203(204) Croupion avec raies brunes...............$5\frac{1}{2}$..... **103.**

204(203) Croupion sans raies brunes.... .. .. 6.... **104.**

205(194) Côtés des 2 mandibules frangés de soies raides : *Electrophanes ;*

206(207) Blanc ; le milieu du dos, les pennes du milieu de la queue et le bout des rémiges, noir.............$6\frac{1}{4}$.... **105.**

207(206) Dessus jaune brunâtre rayé de brun foncé ; menton et gorge noir.......................................$6\frac{1}{4}$.... **106.**

208(209) 1re primaire plus courte que la 2e ; doigts et ongles très forts : (PASSERELLINES) ; doigts latéraux presque égaux aux médian : *Passerella*....... ....$7\frac{1}{2}$.... **117.**

209(227) Mandibules à peu près égales ; bec conique, toujours un peu petit ; des raies longitudinales : (SPIZELLINES) ;

210(217) Espèces rayées en dessus et en dessous ;

211(216) Queue fourchue ou échancrée ;

212(213) Queue distinctement fourchue ; *Poocætes*....$6\frac{1}{4}$.... **107.**

213(212) Queue échancrée seulement ;

214(215) Point de blanc sur les ailes : *Passer* ....6.... **116.**

215(214) Une large bande blanche sur les ailes : *Melospiza*.$6\frac{1}{2}$. **115.**

216(211) Queue graduée, ni fourchue ni échancrée : *Coturniculus*................................$5\frac{1}{4}$.... **108.**

217(210) Espèces rayées en dessus seulement ou pas du tout ;

218(223) Queue arrondie ou graduée ;

219(222) Des raies sur la tête et le dos : *Zonotrichia* ;

220(221) Dessus de la tête noir.....................7.... **109.**

221(220) Une raie blanche sur le milieu de la tête .....7 ... **110.**

222(219) Des raies nulles part : *Junco*...............$6\frac{1}{4}$.... **111.**

223(218) Queue distinctement fourchue : *Spizella* ;

224(225) Bec noir en dessus, jaune en dessous, une tache rousse à la poitrine.................................$6\frac{1}{4}$.... **112.**

225(226) Bec rouge ; point de tache à la poitrine.....$5\frac{3}{4}$.... **113.**

226(224) Bec noir ; croupion d'un cendré brillant ....$5\frac{3}{4}$.... **114.**

227(209) Mandibule inférieure plus large que la supérieure ; bec très fort et recourbé ; ailes moyennes : (SPIZINES) :

228(231) Tête sans huppe ;

229(230) Taille grande ; bords extérieurs des pennes caudales très larges : *Guiraca*....................8½.... **118.**

230(229) Taille petite ; bords extérieurs des pennes caudales étroits ; *Cyanospiza*....................5¼.... **119.**

231(228) Tête huppée ; couleur rouge : *Cardinalis*....8½.... **120.**

232(188) Bec long, sans échancrure à la pointe mais anguleux à la base de la commissure ; queue longue, arrondie : ICTÉRIDES ;

233(244) Bec à pointe non rabattue en bas ;

234(241) Bec fort, pointu, pas plus long que la tête ; pieds propres à la marche (AGÉLAINÉS) ;

235(238) Bec plus court que la tête ;

236(237) Pennes caudales à tiges raides et acuminées : *Dolichonix*....................7¾.... **121.**

237(236) Pennes caudales molles ordinaires : *Molothrus*...8.. **122.**

238(235) Bec aussi long ou plus long que la tête ;

239(240) Plumes de la couronne molles, *Agelaius*....9½.... **123.**

240(239) Plumes de la couronne se prolongeant en soies raides : *Sturnella*....................10½.... **124.**

241(234) Bec grêle, allongé, très aigu, aussi long que la tête ; pieds disposés pour percher : (ICTÉRINÉS) ; *Icterus* ;

242(243) Queue noire, excepté à la base........ ...7.... **225.**

243(242) Queue orange, la moitié basilaire et toutes les pennes du milieu noires....................7½.... **126.**

244(233) Bec à sommet courbé et à pointe très rabattue : (QUISCALINÉS) ;

245(246) Queue plus courte que les ailes, presque carrée : *Scolecophagus*....................9½.... **127.**

246(245) Queue plus longue que les ailes, fortement graduée : *Quiscalus*....................12.... **128.**

247(179) Bec fort, robuste, tranchant sur les bords ; mandibule supérieure échancrée vers la pointe ; ailes médiocres, *OMNIVORES* ; CORVIDÉS ;

248(251) Ailes pointues, plus longues que la queue : (CORVINÉS), *Corvus* ;

249(250) Plumes de la gorge et du menton longues, raides, étalées....................24.... **129.**

250(249) Plumes de la gorge et du menton courtes, larges,

253(252) Queue à peu près égale aux ailes ;
254(255) Tête huppée, couleur bleu : *Cyanura* ....12.... **132.**
255(254) Tête sans huppe ; dos grisâtre : *Perisoreus*..10½ ... **133.**
256(102) Bec très court, très déprimé, très fendu, très large à la base, ailes très longues ; ongles très crochus : (FISSIROSTRES) ; HIRUNDINIDES ;
257(262) Queue plus ou moins fourchue ; tarses moyens ; doigts assez longs. Couleurs variées ; *Hirundo ;*
258(259) Queue excessivement fourchue ; bleu en dessus. 6¾.. **134.**
259(258) Queue presque carrée ou très peu fourchue ;
260(261) Front, gorge, et croupion, brun rougeâtre......5.... **135.**
261(260) Dessus d'un noir luisant à reflets verdâtres....6¼ ... **136.**
262(263) Queue presque carrée ; tarses grêles ; couleur foncée sans reflets : *Cotyle*.. ....4½. .. **137.**
263(262) Queue très fourchue ; pieds forts ; couleur foncée avec reflets : *Progne*.... ....7½.... **138.**
264(1) Doigt postérieur manquant ou plus élevé que les autres (les Colombides et les Ardéides exceptés) ;
265(288) Narines couvertes par une peau charnue ; bec obtus à l'extrémité ; ongles forts, obtusément arrondis :

GALLINACÉS, RASORES.

266(285) Narines percées dans un espace membraneux mais non verruqueux ; doigts légèrement unis à la base ; ailes courtes ; port lourd : (GALLINACÉS) ;
267(276) Tarses nus ; narines découvertes ; tête nue : PHASIANIDES ;
268(273) Queue déprimée ;
269(272) Tarses armés d'éperons dans les mâles ;
270(271) Tête munie d'une roupie : *Meleagris*.......50.... **141.**
271(270) Tête munie d'une aigrette : *Pavo*........60-70.... **142.**
272(269) Tarses des mâles sans éperons ; queue très courte : *Numida*..........................24.... **143.**
273(268) Queue comprimée ;
274(275) Queue très longue, en pointe : *Phasianus*....40.... **144.**
275(274) Queue moyenne, arquée *Gallus* :..............24.... **145.**
276(267) Tarses emplumés ; narines cachées par des plumes ; tête couverte de plumes : TÉTRAONIDES ;
277(282) Tarses emplumés jusque sur les doigts ;
278(279) Dos presque noir : *Tetrao*...............16-20.... **146.**
279(278) D'un blanc de neige en hiver : *Lagopus* ;
280(281) Bec fort, convexe, large à la pointe ; point de raie noire à l'œil..............................16....**149.**

281(280) Bec Grêle, comprimé à la pointe ; mâle avec 1 raie noire à l'œil..............................$14\frac{1}{2}$.... **150**

282(277) Tarses emplumés, mais non les doigts ;

283(284) Un espace nu, coloré, de chaque côté du cou : *Cupidonia*........................16-18.... **147**

284(283) Un aileron de plumes noires de chaque côté du cou : *Bonasa* ....16-18.... **148.**

285(266) Narines percées dans une peau molle et verruqueuse ; doigts entièrement divisés, presque sur le même plan ; ailes médiocres ; corps svelte : (COLOMBIDES).

286(287) Tête grosse ; queue large et arrondie : *Columba*, 10 12 **139.**

287(286) Tête petite ; queue très longue, en pointe : *Ectopistes*.........................15-17.... **140.**

288(265) Narines nues, non percées dans une peau membraneuse ;

289(357) Doigts libres, non palmés ; pattes très longues :

ECHASSIERS, *Grallatores.*

290(299) Tête et cou en partie nus ;

291(298) Bec droit ; doigts presque sur le même plan, le médian denté ou pectiné : ARDÉIDES ;

292(295) Queue à 12 pennes raides ;

293(294) Bleu ; grand : *Ardea* ....60.... **151.**

294(293) Ni bleu, ni blanc pur ; dos noir verdâtre : *Nyctiardea*. ....25.... **154.**

295(292) Queue à 10 pennes molles ;

296(297) Taille petite ; jaune verdâtre : *Ardetta*. ...13.... **152.**

297(296) Taille grande ; tête et dos, vert ou marron : *Botaurus* ....$26\frac{1}{2}$.... **153.**

298(291) Bec courbé, doigt médian ni denté ni pectiné ; TANTALIDES ; *Ibis* ....$20\frac{1}{2}$.... **155.**

299(290) Tête et cou couverts de plumes semblables à celles du reste du corps ;

300(348) Doigts réunis par une membrane à la base, le postérieur court, élevé ou manquant ; *LIMICOLIDES ;*

301(310) Bec plus ou moins comprimé et atténué à l'endroit des narines ;

302)309) Bec aussi long que la tête ; très atténué à lendroit des narines, vouté et renflé à l'extrémité ; doigt postérieur le plus souvent 0 : CHARADRIDES ;

303(308) Doigt postérieur 0 ;

304(305) Noir brunâtre avec taches dorées : *Charadrius*..$9\frac{1}{2}$. **156.**

305(304) Non tacheté ; tête et cou avec bandes : *Aegialithis ;*

306(307) Deux larges bandes au cou ....9-10.... **157**

307(306) Bandes noires sur la couronne et la gorge.....7.... **158.**

309(302) Bec plus long que la tête, très peu atténué à l'endroit des narines et non vouté au delà : HÉMATOPODIDES ;
Strepsilas........ ....8 9 ... **160.**

310(301) Bec ni comprimé ni atténué à l'endroit des narines, linéaire vers la pointe ;

311(312) Jambes couvertes de plaques hexagonales ; bec très long et pointu : RÉCURVIROSTRIDES ; *Recurvirostra* 16-18. **161.**

312(311) Jambes couvertes de plaques transversales au moins en avant ;

313(314) Doigts marginés jusqu'à l'extrémité d'une membrane plus ou moins échancrée aux jointures : PHALAROPODIDES ;
Phalaropus......................7.... **162.**

314(313) Doigts non marginés jusqu'à l'extrémité, avec ou sans membrane à la base : SCOLOPACIDES ;

315(334) Bec couvert jusqu'au bout qui est flexible d'une peau flexible ; cou court et fort : (SCOLOPACINES) ;

316(321) Mandibule supérieure recourbée sur l'inférieure à l'extrémité ;

317(320) Doigts fendus jusqu'à la base ;

318(319) Ailes courte ; 4e et 5e primaires les plus longues :
Philohela ....11.... **163.**

319(318) Ailes longues, les primaires extérieures les plus longues :
Gallinago ....$10\frac{1}{2}$.... **164.**

320(317) Doigts unis par une membrane à la base :
Macrorhamphus.............. .....10 ... **165.**

321(316) Mandibule supérieure non recourbée ; bec élargi en cuiller à la pointe ;

322(331) Doigts fendus jusqu'à la base ou membrane rudimentaire ;

323(330) Doigt postérieur présent : *Tringa ;*

324(327) Bec droit ;

325(326) Croupion blanc..........................10.... **166.**

326(325) Croupion noir...................... 9...... **168.**

327(324) Bec plus ou moins courbé ;

328(329) Bec jaunâtre ; queue gris brun............ 8.... **167.**

329(328) Bec noir ; pennes caudales du milieu noir. $5\frac{1}{2}$.... **169.**

330(323) Doigt postérieur manquant : *Calidris*......$7\frac{3}{4}$.... **170.**

331(322) Doigt avec une membrane à la base ;

332(333) Bec droit ; jambes courtes ; doigt médian égalant le tarse :
Ereunetes............................$6\frac{1}{2}$.... **171**

333(332) Bec courbé ; jambes longues ; doigt médian plus court que le tarse : *Micropalama*.....................$8\frac{1}{2}$.... **172.**

334(315) Bec avec une peau flexible à la base seulement, cou et pattes grêles et allongés : (TOTANINÉS);

335(348) Doigts avec une membrane à la base;

336(345) Tarses avec écailles transversales en avant et en arrière;

337(344) Bec aigu ou élargi mais non épaissi à l'extrémité;

338(341) Rainure de la mandibule supérieure se prolongeant jusqu'à la moitié du bec;

339(340) Pattes longues; tarses ½ fois la longueur du doigt médian : *Gambetta*..............14................. **173.**

340(339) Pattes courtes; tarse égal au doigt médian: *Rhyacophilus*................8½................. **174.**

341(338) Rainure de la mandibule supérieure se prolongeant jusqu'aux ¾ de la longueur du bec;

342(343) Commissure dépassant à peine la base du bec: *Tringoides*..............................8.... **175.**

343(342) Commissure se prolongeant jusqu'aux yeux: *Actiturus*..............................12.... **176.**

344(337) Bec épaissi et relevé à l'extrémité : *Limosa*..15.... **177.**

345(336) Tarses avec écailles transversales en avant seulement: *Numenius*;

346(347) Bec 2 fois la longueur de la tête...........18.... **178.**

347(346) Bec grêle, peu plus long que la tête........13½.... **179.**

348(300) Doigts fendus jusqu'à la base; le postérieur long, touchant le sol et presque sur le même plan que les antérieurs: *PALUDICOLIDES;*

349(356) Front couvert de plumes;

350(353) Bec grêle; doigt postérieur environ le ⅓ du tarse: *Rallus;*

351(352) Brunâtre, brun rougeâtre foncé en dessous.14-16.... **180.**

352(351) Assez clair, cannelle en dessous..........16-17.... **181.**

353(350) Bec fort, doigt postérieur la moitié de la longueur du Tarse: *Porzana;*

354(355) Noir, blanc et rougeâtre; poitrine ardoise...8-9.... **182.**

355(354) Noirâtre; poitrine brun orange foncé.........6.... **183.**

356(349) Front nu avec plaque corné : *Fulica*........14.... **184.**

357(289) Doigts palmés, propres à la nage; pattes courtes:

PALMIPÈDES, *Natatores.*

358(424) Bec à bords plus ou moins dentés. Doigt postérieur libre: (ANSÉRIDES); ANATIDES;

359(419) Un seul rang de dents à la mâchoire supérieure;

360(369) Jambes couvertes d'écailles hexagonales en avant;

361(362) Cou très long; tarses plus courts que le doigt médian: (CYGNINÉS); *Cygnus*................55.... **185.**

362(361) Cou long; tarses plus longs que le doigt médian: (ANSÉRINES);

363(364) Bec aussi long que la tête, rouge ou orange; doigt postérieur atteignant le sol: *Anser* ....30.... **186.**

364(363) Bec plus court que la tête, noir; doigt postérieur rudimentaire, ne touchant pas le sol: *Bernicla;*

365(368) Cou noir;

366(367) Queue de 18 pennes...................35.... **187.**

367(366) Queue de 16 pennes...................30.... **188.**

368(365) Milieu du cou avec un croissant blanc de chaque côté ....2½.... **189**

369(360) Jambes couvertes de plaques transversales en avant;

370(387) Doigt postérieur à lobe membraneux très étroit: (ANATINÉES);

371(382) Bec plus long que le pied;

372(381) Côtés du bec à peu près parallèles;

373(378) Bec large d'environ le tiers du bord inférieur;

374(377) Bec sans dents distinctes: *Anas;*

375(376) Du blanc au cou et à la queue...............23.... **190.**

376(375) Plus foncé; point de blanc au cou ni à la queue.22 ... **191.**

377(374) Bec à dents distinctes aux côtés: *Querquedula*.16 ... **194.**

378(373) Bec étroit;

379(380) Bec légèrement élargi à l'extrémité: *Dafila*..30.... **192.**

380(379) Bec à côtés parallèles: *Nettion*............14.... **193.**

381(372) Côtés du bec s'élargissant à l'extrémité en spature: *Spatula*..............................20.... **195.**

382(371) Bec plus court que le pied;

383(386) Angle supérieur du côté du bec ne dépassant pas en arrière le commencement du bord inférieur;

384(385) Bec aussi long que la tête, à dents distinctes: *Chaulelasmus*...........................22.... **196.**

385(384) Bec plus court que la tête, sans dents distinctes: *Mareca*..........................21¾.... **197.**

386(383) Angle supérieur du côté du bec dépassant en arrière le commencement du bord inférieur: *Aix*.....19.... **198.**

387(370) Doigt postérieur à lobe membraneux très large;

388(418) Extrémité du bec relevée et recourbée; queue molle: (FULIGULINES);

389(406) Bec avec une protubérance à la base latéralement et en dessus, se continuant en arrière aussi loin que l'angle de la bouche;

390(405) Crochet petit, étroit, et n'occupant que le milieu de l'extrémité du bec;

391(400) Bec plus long que la tête;

392(397) Narines en arrière du milieu du bec: *Fulix;*

393(396) Miroir blanc;

394(395) Tête à reflets verts......................20.... **199.**

395(394) Tête à reflets pourpres...............16.50.... **200.**

396(393) Miroir gris cendré..........................18.... **201.**

397(392) Narines au milieu du bec ou très peu en arrière: *Aithya;*

398(399) Bec plus court que la tête; tête marron.....20.... **202.**

399(398) Bec aussi long que la tête; dos blanchâtre....20.... **203.**

400(391) Bec plus long que la tête: *Bucephala;*

401(404) Bec noir;

402(403) Point de blanc à la base du bec en dessus....18¾.... **204.**

403(402) Une tache blanche à la base du bec en dessus.22½.... **205.**

404(401) Bec bleu..............................15.... **206.**

405(390) Crochet très large, occupant toute l'extrémité du bec: *Histrionicus*.........................17½.... **207**

406(415) Bec sans aucune protubérance à la base aux côtés, ou ne s'étendant pas aussi loin en arrière que l'angle de la bouche; les plumes du front s'étendant plus en avant en dessus qu'aux côtés;

407(410) Bec sans aucune gibbosité à la base;

408(407) Plumes des joues ordinaires; queue très longue: *Harelda*...........................20.... **208.**

409(408) Plumes des joues raides; queue courte: *Camptolæmus*...........................23¾.... **209.**

410(407) Bec gibbeux à la base; narines en avant du milieu,

411(412) Couleur toute noire; plumes du front ne dépassant pas la base de la gibbosité: *Oidemia*........23½.... **212.**

412(411) Varié de noir et de blanc; plumes du front s'étendant assez loin en avant;

413(414) Noir, avec taches blanches sur la tête: *Pelionetta*.19.... **211.**

414(413) Noir, avec taches blanches sur les ailes: *Melanetta*...........................21½.... **210.**

415(406) Bec étroit, comprimé, se retrécissant vers le bout, crochet très large, couvrant toute la mandibule; queue courte, arrondie: *Somateria;*

416(417) Blanc, couleur dominante...............25.... **213.**

417(416) Corps et ailes, noir......................21½.... **214.**

418(388) Extrémité du bec brusquement rabattue; queue raide: (ERISMATURINES); *Erismatura.*

419(359) Deux rangs de dents à la mâchoire supérieure, séparés par une rainure dans laquelle vient se loger la mâchoire inférieure : (MERGINES);

420(423) Bec presque tout rouge, ses dents aiguës et recourbées ; tête avec une huppe rabattue : *Mergus ;*

421(422) Ailes traversées par une barre noire.........26½.... **216.**

422(421) Ailes traversées par 2 barres noires.........23¼.... **217.**

423(420) Bec noir, à dents obliques; tête avec une huppe redressée : *Lophodites*..................17-20.... **218.**

424(358) Bec à bords lisses ou simplement cochés. Doigts tous réunis par une membrane, ou du moins les 3 antérieurs : (GAVIIDES);

425(458) Doigt postérieur plus ou moins lié aux antérieurs par une membrane ;

426(431) Face et gorge nues ; gorge munie d'une poche ; PÉLÉCANIDES ;

427(427) Poche sous-maxillaire susceptible d'une grande extension : *Pelecanus*..........................70.... **219.**

428(427) Poche sous-maxillaire moyenne ou très petite ;

429(430) Tête huppée ; bec fort, sans crochet recourbé : *Sula*............................19½.... **220.**

430(429) Tête sans huppe ; bec grêle, à crochet très recourbé : *Graculus*..........................37.... **221.**

431(426) Tête sans espace nu ; gorge sans poche ;

432(437) Ouvertures nasales tubuleuses : PROCELLARIIDES ;

433(436) Mandibule inférieure tronquée, ne se courbant pas avec la supérieure : *Thalassidroma ;*

434(435) Queue avec blanc à la base................5½.... **222.**

435(434) Queue avec blanc sur les côtés...............8.... **223.**

436(433) Mandibule inférieure se courbant avec la supérieure à l'extrémité : *Puffinus*.........................20.... **224.**

437(432) Ouvertures nasales linéaires non tubuleuses : LARIDES ;

438(439) Bec couvert dans sa moitié basilaire d'une peau cornée sous laquelle s'ouvrent les narines : (LESTRIDINES) ; *Stercorarius* ....20.... **225.**

439(438) Bec à couverture semblable dans toute sa longueur ;

440(445) Corps robuste ; queue égale : (LARINES);

441(454) Queue égale, ou légèrement fourchue ;

442(453) Membrane des pattes entière ;

443(452) Doigt postérieur ordinaire;

444(451) Tête blanche ; bec fort : *Larus ;*

445(446) Primaires blanches à l'extrémité ; dos brun clair, 26.. **226.**

446(445) Primaires avec une bande noire vers l'extrémité;
447(448) Manteau ardoise foncée....................30.... **227.**
448(447) Manteau gris bleuâtre;
449(450) Bec jaune..............................23.... **228.**
450(449) Bec vert jaunâtre, traversé par une bande noire, 20.. **229.**
451(444) Tête noire; bec moyen ou un peu grêle:
Croicocephalus....................14½.... **230.**
452(443) Doigt postérieur rudimentaire: *Rissa*........17.... **231.**
453(442) Membrane des pattes échancrée: *Pagophila*..19.... **232.**
454(441) Queue légèrement fourchue: *Xema*........13½.... **233**
455(440) Corps un peu grêle; queue fourchue: (STERNINES); *Sterna*;
456(457) Bec noir foncé........................13¾.... **234.**
457(456) Bec rouge, noir vers la pointe............14¾.... **235.**
458(425) Doigt postérieur libre ou manquant;
459(466) Doigt postérieur distinct avec un large lobe pendant: COLYMBIDES;
460(463) Queue courte; doigts à membrane complète: *Colymbus*;
461(462) Cou avec un collier de raies noires et blanches..31.. **236.**
462(461) Cou avec une tache rougeâtre en avant......27.... **237.**
463(460) Queue 0 ou rudimentaire; doigts largement lobés: *Podiceps*;
464(465) Tête et cou d'un rouge brun riche..........18.... **238.**
465(464) Tête et huppe d'un noir brillant...........14.... **239.**
466(459) Doigt postérieur 0; ongles comprimés: ALCIDES;
467(472) Bec avec rides et sillons transversaux: (ALCINES);
468(469) Bec emplumé à la base: *Alca*.............17.... **240.**
469(468) Bec entièrement corné;
470(471) Une cire ponctuée à la base du bec; *Mormon*,..11½.. **241.**
471(470) Point de cire ponctuée à la base du bec: *Ombria*, 9.. **242.**
472(467) Bec sans rides ni sillons transversaux: (URINES);
473(476) Bec allongé, pointu, plus long que la tête: *Uria*;
474(475) Point de ligne blanche en arrière de l'œil....13.... **243.**
475(474) Une ligne blanche en arrière de l'œil........17.... **244.**
476(473) Bec court, épais, plus court que la tête: *Mergulus*, 7½ **245.**

Noms scientifiques et vulgaires des espèces avec référence au volume et à la page du NATURALISTE où l'on en trouvera la description.

No.	Nom scientifique	Nom vulgaire	Vol.	Page.
1.	Cacatua, *Brissot.*	Cacatoi................	VI.	179.
2.	Psittacus, *Linné.*	Perroquet..............	VI.	199.
3.	Cathartes aura, *Linné.*	Catharte aura, Vautour aura.	II.	126.
4.	Falco peregrinus, *Briss.*	Faucon pèlerin.......	II.	128.
5.	Falco columbarius, *Linné.*	Faucon des pigeons. Epervier..............................	II.	128.
6.	Falco sacer, *Forst.*	Faucon sacré. Gerfaut....	II.	157.
7.	Falco sparverius, *Linne.*	Faucon épervier. Emerillon.	II.	157.
8	Astur atricapillus, *Bonap.*	Autour à tête noire.	II.	158.
9.	Accipiter Cooperii, *Bonap.*	Accipitre de Cooper.	II.	158.
10.	Accipiter fuscus, *Gmel.*	Accipitre brun......	II.	159.
11.	Buteo Swainsoni, *Bonap.*	Buse de Swainson....	II.	159.
12.	Buteo insignatus, *Cassin.*	Buse du Canada.....	II.	159.
13.	Buteo borealis, *Gmel.*	Buse à queue rousse	II.	159.
14.	Buteo lineatus, *Gmel.*	Buse d'hiver.....	II.	160.
15.	Buteo Pennsylvanicus, *Bonap.*	Buse de Pennsylvanie.	II.	160.
16.	Archibuteo lagopus, *Brünn.*	Buse pattue. Buse rougeâtre.	II.	161.
17.	Circus Hudsonius, *Linné.*	Busard des marais...	II.	162.
18.	Aquila Canadensis, *Linné.*	Aigle du Canada. A. doré.	II.	193.
19.	Haliætus Croicocephalus, *Linné.*	Aigle à tête blanche.	II.	194.
10.	Pandion Carolinensis, *Gmel.*	Bulbusard de la Car.	II.	195.
11.	Bubo Virginianus, *Bonap.*	Duc de Virginie..	II.	196.
12.	Scops asio, *Linné.*	Scops maculé............	II.	225.
13.	Otus Wilsonianus, *Lesson.*	Hibou à aigrettes longues.	II.	226.
14.	Brachyotus Cassinii, *Brewer.*	Hibou à aigrettes courtes.	II.	226.
15.	Surnium cinereum, *Gmel.*	Hibou cendré......	II.	227.
16.	Surnium nebulosum, *Forst.*	Hibou barré....	II.	227.
17.	Nyctale Richardsonii, *Bonap.*	Nyctale de Richardson.	II.	228.
18.	Nyctale Acadica, *Bonap.*	Nyctale d'Acadie. Chouette passerine................................	II.	228
19.	Nyctale albifrons, *Shaw.*	Nyctale à front blanc. Chouette de Kirtland.......................	II.	228.
30.	Nyctea nivea, *Gray.*	Hibou blanc. Harfang.	II.	229.
31.	Surnia ulula, *Bonap.*	Chouette épervier......	II.	230.
32.	Coccygus Americanus, *Bonap.*	Coucou à bec jaune.	II.	254.
33.	Coccygus erythrophthalmus, *Bonap.*	Coucou à bec noir.	II.	254.

			Vol.	Page.
34.	Picus villosus, *Linné.*	Pic chevelu	II.	256.
35.	Picus pubescens, *Linné.*	Pic minule	II.	256.
36.	Sphyrapicus varius, *Baird.*	Pic maculé	II.	257.
37.	Hylatomus pileatus, *Baird.*	Pic à huppe rouge. Hylatome poilu	II.	285.
38.	Picoides arcticus, *Gray.*	Picoïde arctique	II.	286.
39.	Picoïdes hirsutus, *Gray.*	Picoïde velu	II.	286.
40.	Melanerpes erythrocephalus, *Swains.*	Mélanerpe à tête rouge	II.	287.
41.	Colaptes auratus, *Swains.*	Colapte doré. Pivart.	II.	287.
42.	Trochilus colubris, *Linn.*	Colibri oiseau-mouche.	II.	319.
43.	Chætura pelasgia, *Steph.*	Martinet pélagique	II.	349.
44.	Antrostomus vociferus, *Bonap.*	Engoulevent criard. Pomme pourrie	II.	350.
45.	Chordeiles popetue, *Baird.*	Engoulevent popetué.	II.	350.
46.	Ceryle alcion, *Boie.*	Martin pêcheur	III.	8.
47.	Tyrannus Carolinensis, *Baird.*	Tyran de la Caroline. Tritri	III.	10.
48.	Myiarchus crinitus, *Cab.*	Moucherolle à huppe.	III.	11.
49.	Sayornis fuscus, *Baird.*	Moucherolle brun	III.	12.
50.	Contopus virens, *Cab.*	Moucherolle verdâtre	III.	11.
51.	Empidonax Acadicus, *Baird.*	Moucherolle d'Acadie.	III.	12.
52.	Turdus migratorius, *Linné.*	Grive erratique. Merle.	III.	35.
53.	Turdus mustelinus, *Gmel.*	Grive des bois. Flute.	III.	35.
54.	Turdus solitarius, *Wils.*	Grive solitaire	III.	36.
55.	Turdus Swainsonii, *Cab.*	Grive de Swainson	III.	36.
56.	Sialia sialis, *Baird.*	Traquet sialis. Oiseau bleu.	III.	66.
57.	Regulus calendula, *Licht.*	Roitelet rubis	III.	356.
58.	Regulus satrapa, *Litch.*	Roitelet huppé	III.	356.
59.	Anthus Ludovicianus, *Licht.*	Pipi de la Louisiane.	III.	69.
60.	Parula Americana, *Bonap.*	Fauvette d'Amérique.	III.	98.
61.	Geothlypis trichas, *Cab.*	Fauvette trichas	III.	98.
62.	Geothlypis Philadelphia, *Baird.*	Fauvette de Philadelphie	III.	99.
63.	Oporornis agilis, *Baird.*	Fauvette du Connecticut.	III.	99.
64.	Helminthophaga chrysoptera, *Cab.*	Fauvette chrytère	III.	100.
65.	Helminthophaga ruficapilla, *Baird.*	Fauvette de Nashville	III.	100.
66.	Seiurus aurocapillus, *Swains.*	Fauvette à couronne dorée	III.	101.

			Vol.	Page.
67.	Sciurus Novæboracensis, *Nutt.*	Fauvette hoche-queue	III.	101.
68.	Dendroica Canadensis, *Baird.*	Fauvette du Canada.	III.	321.
69.	Dendroica coronata, *Gray.*	Fauvette couronnée.	III.	322.
70.	Dendroica Blackburnii, *Baird.*	Fauvette de Blackburn.	III.	322.
71.	Dendroica castanea, *Baird.*	Fauvette à poitrine baie.	III.	323.
72.	Dendroica pinus, *Baird.*	Fauvette des pins.....	III.	323.
73.	Dendroica Pennsylvanica, *Baird.*	Fauvette de Penns.	III.	323.
74.	Dendroica striata, *Baird.*	Fauvette rayée......	III.	324.
75.	Dendroica æstiva, *Baird.*	Fauvette jaune. Oiseau jaune......	III.	324.
76.	Dendroica maculosa, *Baird.*	Fauvette à tête cendrée.	III.	325.
77.	Dendroica tigrina, *Baird.*	Fauvette du Cap Mai.	III.	325.
78.	Myiodioctes mitratus, *Aud.*	Fauvette mitrée.	III.	225.
79.	Myodioctes Canadensis, *Aud.*	Fauvette du Canada.	III.	226.
80.	Setophaga ruticella, *Swains.*	Fauvette dorée.	III.	226.
81.	Pyranga rubra, *Vieill.*	Tangara écarlate.....	III.	257.
82.	Ampelis garulus, *Linn.*	Jaseur de Bohême..	III.	67.
83.	Ampelis cedrorum, *Baird.*	Jaseur du cèdre. Récollet.	III.	68.
84.	Collyrio Borealis, *Baird.*	Pie-Grièche boréale. Ecorcheur.	III.	38.
85.	Vireo gilvus, *Bonap.*	Viréo gris	III.	39.
86.	Vireo flavifrons, *Vieill.*	Viréo à front jaune..	III.	39.
87.	Harporynchus rufus, *Cab.*	Grive rousse.....	III.	36.
88.	Galeoscoptes Carolinensis, *Cab.*	Grive catbird. Chat.	III.	37.
89.	Cistothorus palustris, *Cab.*	Troglodite des marais.	III.	290.
90.	Troglodites ædon, *Vieill.*	Troglodite Aedon.	III.	290.
91.	Troglodites hiemalis, *Vieill.*	Troglodite d'hiver.	III.	291.
92.	Certhia Americana, *Bonap.*	Grimpereau d'Amérique	III.	65.
93.	Sitta Canadensis, *Linn.*	Sitta du Canada.....	IV.	9.
94.	Parus atricapillus, *Linn.*	Mésange à tête noire. Quiest-tu......	IV.	8
95.	Parus Hudsonius, *Forst.*	Mésange de la baie d'Hudson.	IV.	9.
96.	Eremophila cornuta, *Boie.*	Erémophile cornue. Ortolan.	IV.	7.
97.	Pinicola Canadensis, *Cab.*	Grosbec du Canada..	IV.	39
98.	Carpodacus purpureus, *Gray.*	Bouvreuil pourpre..	IV.	41.
99.	Chrysomitris tristis, *Bonap.*	Chardonneret jaune.	IV.	65.
100.	Chrysomitris pinus, *Bonap.*	Chardonneret des pins.	IV.	66.
101.	Curvirostra Americana, *Wils.*	Bec croisé d'Amérique.	IV.	42.
102.	Curvirostra leucoptera, *Wils.*	Bec croisé à ailes		

No.	Nom scientifique	Nom français	Vol.	Page.
105.	Plectrophanes nivalis, *Meyer.*	Plectrophane des neiges	IV.	67.
106.	Plectrophanes Laponicus, *Selby.*	Plectrophane de Laponie	IV.	68.
107.	Poocætes gramineus, *Baird.*	Pinson des prés.	IV.	98.
108.	Coturniculus Henslowi, *Bonap.*	Pinson de Henslow	IV.	99.
109.	Zonotrichia leucophris, *Swains.*	Pinson à couronne blanche	IV.	99.
110.	Zonotrichia albicollis, *Bonap.*	Pinson à poitrine blanche	IV.	100.
111.	Junco hiemalis, *Sclater.*	Pinson d'hiver	IV.	129.
112.	Spizella monticola, *Baird.*	Pinson des montagnes.	IV.	130.
113.	Spizella pusilla, *Bonap.*	Pinson des champs.	IV.	130.
114.	Spizella socialis, *Bonap.*	Pinson gris.	IV.	130.
115.	Melospiza melodia, *Baird.*	Pinson chanteur. Rossignol	IV.	131.
116.	Passer domesticus, *Briss.*	Moineau domestique.	IV.	131.
117.	Passerella iliaca, *Swains.*	Passerelle fauve	IV.	161.
118.	Guiraca Ludoviciana, *Swains.*	Pinson de la Louisiane	IV.	162.
119.	Cyanospiza cyanea, *Baird.*	Pinson bleu. Oiseau bleu	IV.	163.
120.	Cardinalis Virginianus, *Bonap.*	Cardinal de Virginie.	IV.	163.
121.	Dolichonyx oryzivorus, *Swains.*	Goglu mangeur de riz	IV.	194.
122.	Molothrus pecoris, *Swains.*	Etourneau ordinaire.	IV.	195.
123.	Agelaius phœniceus, *Vieill.*	Carouge commandeur.	IV.	196.
124.	Sturnella magna, *Swains.*	Alouette des prés...	IV.	196.
125.	Icterus spurius, *Bonap.*	Oriole batard	IV.	233.
126.	Icterus Baltimore, *Daudin.*	Oriole de Baltimore.	IV.	234.
127.	Scolecophagus ferrugineus, *Swains.*	Mainate couleur de fer	IV.	235.
128.	Quiscalus versicolor, *Vieill.*	Quiscale versicolor.	IV.	235.
129.	Corvus carnivorus, *Bart.*	Corbeau carnivore.	IV.	258.
130.	Corvus Americanus, *Aud.*	Corbeau d'Amérique. Corneille	IV.	258.
131.	Pica Hudsonica, *Bonap.*	Pie de de la Baie d'Hudson.	IV.	259.
132.	Cyanura cristata, *Swains.*	Geai huppé	IV.	250.
133.	Perisoreus Canadensis, *Bonap.*	Geai du Canada. Pie.	IV.	260.
134.	Hirundo horreorum, *Bart.*	Hirondelle des granges.	IV.	290.
135.	Hirundo lunifrons, *Say.*	Hirondelle à front blanc.	IV.	291.
136.	Hirundo bicolor, *Vieill.*	Hirondelle bicolore.	IV.	291.

		Vol.	Page.
137.	Cotyle riparia, *Baie.* Hirondelle des rivages.	IV.	291.
138.	Progne purpurea, *Baie.* Hirondelle pourpre.	IV.	292.
139.	Columba domestica, *Lath.* Colombe domestique. Pigeon	IV.	323.
140.	Ectopistes migratoria, *Sawins.* Pigeon voyageur. Tourte	IV.	324.
141.	Meleagris gallopavo, *Lin.* Dindon commun.	IV.	326.
142.	Pavo cristatus, *Lin.* Paon domestique......	IV.	353.
143.	Numida meleagris, *Lin.* Pintade commune..	IV.	454.
144.	Phasianus colchicus, *Lin.* Faisan commun.	IV.	355.
145.	Gallus domestica, *Auct.* Coq domestique....	IV.	356.
146.	Tetrao Canadensis, *Linn.* Tétras du Canada. Perdrix de savanne.....................	IV.	357.
147.	Cupidonia cupido, *Baird.* Perdrix des prairies.	IV.	357.
148.	Bonasa umbellus, *Steph.* Gélinotte à fraise. Perdrix de montagne.....................	IV.	358.
149.	Lagopus albus, *Aud.* Lagopède blanc. Perdrix blanche	IV.	358.
150.	Lagopus rupestris, *Leach.* Lagopède des rochers	IV.	358.
151.	Ardea herodias, *Linn.* Grand Héron bleu...	V.	9.
152.	Ardetta exilis, *Gray.* Petite Ardette......	V.	10.
153.	Botaurus lentiginosus, *Steph.* Butor tacheté.	V.	11.
154.	Nyctiardea Gardeni, *Baird.* Héron de nuit.	V.	10.
155.	Ibis Ordii, *Bonap.* Ibis d'Ord. Ibis à reflets.	V.	47.
156.	Charadrius Virginicus, *Borck.* Pluvier doré.	V.	48.
157.	Aegialitis vociferus, *Cass.* Pluvier criard......	V.	49.
158.	Aegialitis semipalmatus, *Bonelli.* Pluvier semi-palmé...........................	V.	49.
159.	Squatarola helvetica, *Cuv.* Squatarolle Suisse. Vanneau Pluvier.......................	V.	49.
160.	Strepsilas interpres, *Illig.* Tournepierre vulgaire.	V.	50.
161.	Recurvirostra Americana, *Gmel.* Avocette d'Amérique...........................	V.	80.
162.	Phalaropus hiperboreus, *Temm.* Phalarope du Nord...........................	V.	80.
163.	Philohela minor, *Gray.* Petite Bécasse.....	V.	82.
164.	Gallinago Wilsonii, *Temm.* Bécasse de Wilson.	V.	82.

pattes-longues .... V. 114.

173. Gambetta melanoleuca, *Bonap.* Chevalier aboyeur V. 146.

174. Rhyacophilus solitarius, *Bonap.* Bécasse solitaire. V. 147.

175. Tringoides macularius, *Gray.* Bécasseau tacheté. V. 147.

176. Actiturus Bartramius, *Bonap.* Pluvier des champs V. 148.

177. Limosa Hudsonia, *Swains.* Barge de la Baie d'Hudson. .... V. 149.

178. Numenius Hudsonius, *Lath.* Courlis de la Baie d'Hudson.................. .... V. 179.

179. Numenius borealis, *Forst.* Courlis du nord. V. 180.

180. Rallus crepitans, *Gmel.* Râle tapageur...... V. 209.

181. Rallus Virginianus, *Linn.* Râle de Virginie. V. 210.

182. Porzana Carolina, *Vieill.* Râle de la Caroline. V. 210.

183. Porzana Novæboracensis, *Baird.* Râle jaune.. V. 211.

184. Fulica Americana, *Gmel.* Foulque d'Amérique. V. 211.

185. Cygnus Americanus, *Sharpless.* Cygne d'Amérique .. .. V. 345.

186. Anser hyperboreus, *Pallas.* Oie du nord... V. 397.

187. Bernicla Canadensis, *Boie.* Bernache du Canada. Outarde .... V. 397.

188. Bernicla Hutchinsii, *Bonap.* Bernache de Hutchins. V. 398.

189. Bernicla brenta, *Steph.* Bernache commune. V. 398.

190. Anas boschas, *Linn.* Canard gris........ V. 400.

191. Anas obscura, *Gmel.* Canard noir .... V. 401.

192. Dafila acuta, *Jenyns.* Pilet paille-en-queue.. V. 401.

193. Nettion Carolinensis, *Baird.* Sarcelle aux ailes vertes .... V. 402.

194. Querquedula discors, *Steph.* Sarcelle aux ailes bleues. V. 402.

195. Spatula clypeata, *Boie.* Spatule en bouclier. V. 403.

196. Chaulelasmus streperus, *Gray.* Ridenne chipeau. V. 404.

197. Mareca Americana, *Steph.* Macreuse d'Amérique. V. 431.

198. Aix sponsa, *Boie.* Aix époux. Canard branchu. V. 432.

			Vol.	Page.
203.	Aithya valesneria, *Bonap.*	Aithye de la valisnérie.	V.	463.
204.	Bucephala Americana, *Baird.*	Bucéphale d'Amérique.	V.	464.
205.	Bucephala Islandica, *Baird.*	Bucéphale d'Islande.	V.	464.
206.	Bucephala albeola, *Baird.*	Bucéphale blanchâtre.	V.	465.
207.	Histrionicus torquatus, *Bonap.*	Histrion à collier.	V.	466.
208.	Harelda glacialis, *Leach.*	Harelde du Nord......	V.	466.
209.	Camptolœmus Labradoricus, *Gray.*	Canard du Labrador..............................	VI.	9.
210.	Melanetta velvetina, *Baird.*	Mélanette veloutée.	VI.	10.
211.	Pelionetta perspicillata, *Kaup.*	Pélionette apparente.	VI.	10.
212.	Oidemia Americana, *Swains.*	Oidémie d'Amérique	VI.	9.
213.	Somateria mollissima, *Leach.*	Eider ordinaire.	VI.	11.
214.	Somateria spectabilis, *Leach.*	Eider remarquable.	VI.	11.
215.	Erismatura rubida, *Bonap.*	Erismature rousse.	VI.	37.
216.	Mergus Americanus, *Cass.*	Harle d'Amérique.	VI.	38.
217.	Mergus serrata, *Linn.*	Harle denté.........	VI.	38.
218.	Lophodites cucullatus, *Brich.*	Harle huppé...	VI.	39.
219.	Pelecanus erythrocephalus, *Gmel.*	Pélican bec-rouge	VI.	69.
220.	Sula bassana, *Linn.*	Fou de bassan.........	VI.	71.
221.	Graculus carbo, *Gray.*	Cormoran commun.....	VI.	71.
222.	Thalassidroma pelagica, *Vigors.*	Pétrel pélagien.	VI.	98.
223.	Thalassidroma Leachii, *Bonap.*	Pétrel de Leach.	VI.	98.
224.	Puffinus fuliginosus, *Strick.*	Puffin noir....	VI.	99.
225.	Stercorarius pomarinus, *Temm.*	Stercoraire pomarin	VI.	100.
226.	Larus leucopterus, *Fabr.*	Goéland aux ailes blanches	VI.	130.
227.	Larus marinus, *Linn.*	Goéland marin......	VI.	130.
228.	Larus argentatus, *Brünn.*	Goéland argenté...	VI.	130.
229.	Larus Delawarensis, *Ord.*	Goéland de D laware.	VI.	131.
230.	Croicocephalus Philadelphia, *Lawr.*	Goéland de Philadelphie................................	VI.	131.
231.	Rissa tridactylus, *Bonap.*	Risse à trois doigts.	VI.	132.
232.	Pagophila eburnea, *Kaup.*	Goéland blanc....	VI.	132.
233.	Xema Sabinii, *Bonap.*	Goéland à queue fourchue.	VI.	161.
234.	Sterna aranea. *Wils.*	Sterne aranéaire	VI.	[illegible]

			Vol.	Page
242.	Ombria psittacula, *Esch.*	Ombrie Perroquet..	VI.	196.
243.	Uria grylle, *Lath.*	Guillemot grylle........	VI.	197.
244.	Uria ringvia, *Brünn.*	Guillemot ringvie......	VI.	198.
245.	Mergulus alle, *Linn.*	Mergule. Pigeon de mer.	VI.	198.

CPSIA information can be obtained
at www.ICGtesting.com
Printed in the USA
BVHW051824171218
535791BV00016B/758/P